ESSAI

d'Historique

du BLÉ

par

DENAIFFE, COLLE & SIRODOT

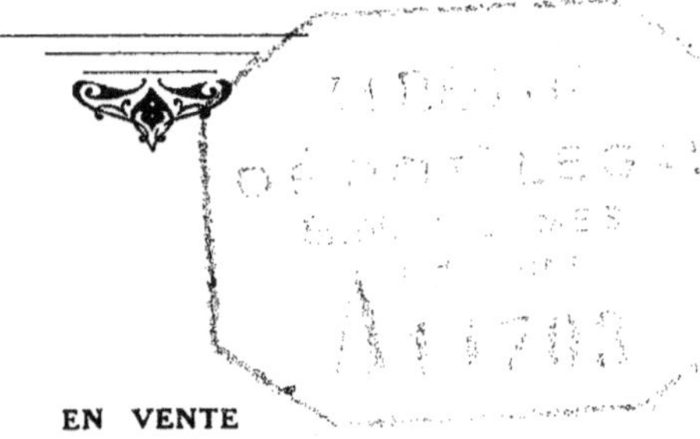

EN VENTE

CHEZ LES PRINCIPAUX ÉDITEURS

et à la

GRAINETERIE DENAIFFE & FILS

à CARIGNAN (Ardennes)

La question des blés est de celles qui ne sont jamais épuisées ; elle intéresse le vieux et le nouveau continent ; à toutes les époques, elle a préoccupé les peuples et les hommes chargés de présider à leurs destinées.   ROBERT.

ESSAI D'HISTORIQUE
DU BLÉ

Les céréales ont été les nourrices du genre humain depuis les temps les plus reculés. Les principales sont : le blé ou froment, le seigle, l'orge, l'avoine, le maïs, le sarrasin, le riz, le sorgho. Elles sont utilisées non seulement pour la transformation en farine et en pain, mais aussi pour la nourriture des animaux (avoine, etc.,) et par diverses industries (brasserie, distillerie, pâtes alimentaires, amidonneries).

A part le sarrasin (polygonacées), toutes les céréales appartiennent à la famille des graminées, l'une des plus homogènes du règne végétal, car toutes les plantes qui la composent ont entre elles les plus grandes ressemblances, tant par leur structure que par leurs propriétés générales et se séparent nettement des plantes appartenant à d'autres familles.

> Cérès a, la première, apporté dans le monde,
> Des blés aux gerbes d'or, la semence féconde.
>   DESAINTANGE.

Le nom de céréales vient de Cérès, la déesse des moissons, en l'honneur de laquelle les Grecs instituèrent, à Eleusis et à Athènes, des fêtes et des jeux qui, plus tard, furent importés à Rome. D'après LITTRÉ, le nom de Cérès (1) viendrait lui-même du sanscrit KAR, FAIRE, l'être divin qui fait, qui crée (Zend : Kéré). Dans l'antiquité, le mot de céréales n'avait pas un sens aussi

---

(1) QUICHERAT et DAVELUY : Cérès, déesse des moissons ; par extension : le froment, les moissons (Virgile). — Céréalis, relatif au blé, au pain, aux moissons. Céréalis Sapor, goût du pain (Pline). — Céréalia, toutes les plantes dont se nourrissent les hommes (Pline) fêtes de Cérès (Cicéron). — Céréales, commissaires chargés de veiller à l'approvisionnement des marchés.

limité qu'aujourd'hui ; divers auteurs s'en sont servis pour désigner tous les grains et même l'ensemble des plantes alimentaires.

« La civilisation vint un épi à la main » a pu dire Michel CHEVALIER à ses auditeurs du Collège de France, aussi c'est dans les contrées à céréales que plusieurs philosophes placent le berceau de la civilisation (1). Les hommes n'ont pu, en effet, se livrer à l'agriculture sans se réunir en société, et l'agriculture méritant vraiment ce nom n'a réellement pris naissance que par la culture des céréales. La civilisation agricole, fait remarquer L. BOURDEAU, succède à la barbarie pastorale et à la sauvagerie chasseresse. A l'origine de toute civilisation on trouve, comme cause première ou influence dominante, la culture de quelque céréale : froment en Chaldée et en Egypte, riz en Chine et dans l'Inde, maïs au Pérou et au Mexique.

> Le blé, le pur froment, c'est la Moelle de l'homme.
>
> A. BARBIER.

Le pain de blé est la base de l'alimentation dans notre pays. C'est pourquoi le froment ou blé (2) — anciennement bled — est la

---

LAROUSSE : Céréales, Céréalia, jeux institués par Triptolème en l'honneur de Cérès ; Oediles céréales, les deux magistrats institués en 44, par César pour présider aux Céréales.

PIETET : Origines indo-européennes. — Rien de plus vagues que les termes primitifs servant originairement à désigner les différentes espèces de céréales.

DE LAVERGNE : Il y a, dit Pline, plusieurs espèces de froment : le far, le triticum, l'orge.

OLIVIER DE SERRES : du mot FAR, est venu la Farine, comme voulant dire « ceste-ci estre la seule espèce de blé produisant chose tant précieuse et nécessaire bien qu'elle se tire de tout autre blé, même des légumes ; tous grains indifféremment faisant farine ».

(1) DUCHARTRE : C'est dans la Babylonie, où le blé croissait spontanément d'après Hérodote et Diodore de Sicile qu'il faut placer le berceau de la civilisation.

Ovide : *Prima dedit leges, Cereris sont omnia munus.*

(2) PIETET. — Origines indo-européennes. Le sanscrit possède pour le mot blé une assez riche synonimie qui a donné naissance aux différents termes employés dans les langues Aryenne, Slave, Celtique, Pélasgique, Germanique, Latine, Persanne, etc.

LAROUSSE : Bled, d'où le mot encore usité de blatier ou bladier (Marchand de blé) nous fournit la transition pour remonter au Bladum de la basse latinité. L'ancien haut allemand nous donne les termes *blad, bleab, blet* : récolte sur pied, céréales en herbes ou en tuyaux. L'anglo-saxon nous montre à son tour, avec des significations analogues, les formes similaires blada et bloeda. En ancien haut allemand, feuille se dit plet, p est convertible en b et réciproquement ; en anglo-saxon : bloed et bled ; en islandais : blad ; en hollandais, en danois, en suédois : blad pareillement ; en allemand : blatt ; en anglais : blade ; aujourd'hui encore, l'anglais dit corn-blade pour blé sur pied en tuyaux.

> Lorsque la *bladière* Cérès
> Joignant l'artifice à l'utile
> De froment sema les guérêts
> De l'Attique et de la Sicile
>
> DESONON.

plus précieuse et la plus importante céréale en France. C'est elle dont on a pu dire que de l'abondance de sa récolte dépend le bien-être et la tranquillité du peuple.

Le mot *froment* vient du latin *frumentum* (1) se rapportant au même radical que fruor (2), fructus, fruges. Le mot de *frumentum* servait avons-nous dit, à désigner non seulement le froment, mais l'ensemble des céréales. Il avait donc une signification plus étendue que de nos jours, où nous avons, par contre, le tort de risquer de créer des confusions en employant inexactement parfois le mot blé (3) dans la pratique agricole. (Exemples : blé noir (sarrasin), blé de Turquie (maïs), blé de Guinée (sorgho à épi), blé de St-Jean (seigle de St-Jean), blé des Canaries (alpiste), blé de vache (mélampyre).

Si l'emploi du pain remonte aux origines bibliques et plusieurs fois se trouve signalé dans la Genèse et l'Exode, l'origine du blé est entourée, elle, de récits fabuleux ou de légendes. Son histoire comporte forcément de nombreuses lacunes, le blé semblant presque aussi ancien que le monde et l'origine de sa culture se perdant dans la nuit des temps. Il est certain, cependant, que le froment a été utilisé par l'homme préhistorique et cultivé sur de vastes surfaces dès la plus haute antiquité. En effet, des grains de blé ont été trouvés dans les habitations lacustres ou palafittes de la Suisse (4), découverts en 1854 par Ferdinand KELLER à Robenhausen, près de Zurich, et très bien étudiés par HEER. Ces

---

(1) QUICHERAT et DAVELUY. — *Frumentum* : céréales, grains (Pline, Virgile) *Frumentum, triticum* : blé, froment (Martial) — *Triticum* : froment, blé-froment (César, Plante, Varron) — *Frumentarius* : qui concerne le blé-Far (Faris) blé, (ordinaire), froment (Varron, Pline) — Farina, farine-Farra flava blé qui murit, qui jaunit (Virgile) — *Farreus* : de blé, de froment (Columelle) *Farreum* : gâteau de farine de froment (Pompéius Festus, Pline) — *Farratus* : de blé, de farine, de bouillie (Juvénal, Perse) *Farrarium* Grange (Vitruve) — *Farrago* : mélange de divers grains qu'on laisse croître en herbe pour donner aux bestiaux (Varron Virgile, Pline).

(2) *Fruor, fructus, fruges* : usage, utilité, productions de la terre, fruits, récoltes, moissons, grains, céréales, blé.

(3) Ces abus de dénominations ne sont pas l'apanage de notre époque. Car TESSIER écrivait au début du siècle dernier : Dans les pays où le seigle est le grain dominant, ou le plus important, on l'appelle BLÉ. Ce nom est ordinairement synonyme de froment ; quelquefois on l'applique à l'un et à l'autre, en les distinguant ainsi : BLÉ SEIGLE, BLÉ FROMENT ; quand on dit LES BLÉS, on entend suivant les lieux seulement les seigles ou les froments. OLIVIER de SERRES donne plus d'étendue à l'expression BLÉ, puisqu'il l'adopte pour la vesce même qui est de la famille des légumineuses. Dans son idée, les blés doivent être les plantes qu'on cultive particulièrement pour en tirer la récolte des grains puisqu'il écrit : « Le froment comprenant néanmoins toutes sortes de grains à faire pain pour la nourriture des hommes, qui sont ceux qu'aujourd'hui nous appelons fromens, espeautres, seigles, orges, millets et avoines ». Il ajoute cependant : « En plusieurs endroits de ce royaume, par le blé est entendu le pur froment ».

(4) Ces grains semblent être des blés Poulards, peut-être même la Nonnette de Lausanne.

constructions, bâties sur pilotis, remontent à l'âge de pierre, c'est-à-dire après la dernière époque glacière. Or, ces ruines recèlent des restes de végétaux qui se rapportent à des espèces identiques à celles qui vivent actuellement. Elles nous renseignent sur l'agriculture rudimentaire de ces hommes qui ne connaissaient pas encore l'usage des métaux, mais qui commençaient à apprivoiser les animaux, à les domestiquer et qui cultivaient déjà quelques céréales, chez lesquelles le grain était de dimensions bien moindres que dans les nôtres, étant encore presque à l'état sauvage, c'est-à-dire non amélioré par la culture (1).

DE CANDOLLE signale parmi les plantes qui peuvent être considérées comme déjà cultivées aux époques préhistoriques : (2)

FROMENT (*Triticum vulgare* VILLARS) Robenhausen, (*Forma antiquorum* HEER). Signalé aussi par DE CANDOLLE dans les listes des quarante-six espèces notées par cet auteur comme cultivées depuis plus de 4.000 ans.

FROMENT AMIDONNIER (*Triticum dicoccum* SCHRANK), Robenhausen et sépulture égyptienne du roi Ra-n-Woser (2.000 ans avant Jésus-Christ).

FROMENT ENGRAIN (*Triticum monococcum* LINNÉ), Robenhausen et sépulture égyptienne du roi Ra-n-Woser.

FROMENT POULARD (*Triticum turgidum* LINNÉ), Robenhausen et sépulture égyptienne du roi Ra-n-Woser.

L'origine spontanée du froment, après être restée très obscure jusqu'à nos jours, commence à s'éclairer.

Vers le milieu du XIXe siècle, une fausse interprétation d'un fait, que nous allons relater plus loin, parut à un moment donner une vérification scientifique à l'opinion émise par THÉOPHRASTE, que c'est l'Ægilops ovata, spontané dans la région méditerranéenne, qui serait l'ancêtre du froment.

REQUIEN découvrit en 1821, aux environs d'Avignon, et en 1824 à Nîmes, une nouvelle forme d'Ægilops, qu'il nomma triticoïdes, pour rappeler certains caractères qui le rapprochaient du blé cultivé.

Or, FABRE, horticulteur à Agde, près de Béziers, fit, à partir de 1838, des observations suivies qui donnèrent des résultats inattendus. En déterrant avec soin la souche souterraine de ces Ægilops triticoïdes, il mettait régulièrement à découvert un épi d'Ægilops ovata, parfaitement conservé dans les sols secs et chauds

---

(1-2) D. BOIS et GADECEAU : *Les végétaux, leur rôle dans la vie quotidienne.*

de l'Hérault. FABRE interpréta cette découverte, en pensant que, par la culture, il avait transformé l'Ægilops ovata en blé, et que, par suite, la question de l'origine des froments était ainsi résolue.

Mais en 1855, Alexis JORDAN, de Lyon, à la suite de nouvelles recherches sur ces Ægilops, publia un mémoire où il conclut que l'Ægilops triticoïdes n'était pas une espèce, mais bien une déformation singulière, susceptible d'être rencontrée également dans plusieurs espèces de ce même genre, déformation offrant, d'ailleurs, tous les caractères distinctifs de ce dernier et aucun des *Triticum*.

De ce fait, la prétendue transmutation de l'Ægilops en blé de FABRE était expliquée et réduite ainsi à néant.

Malgré les nombreuses recherches faites à ce sujet, la question était réduite à des hypothèses jusqu'au début de notre siècle, lorsque ces dernières sont devenues des probabilités grâce aux théories du professeur KÖRNICKE et aux recherches de AARONSHON (1) en Galilée.

DE CANDOLLE suppose que le froment a eu pour principal habitat, dès les temps préhistoriques très anciens, la région de l'Euphrate ; il a des noms différents dans les langues les plus anciennes. BÉROSE, prêtre de la Chaldée, dont les écrits remontent à la plus haute antiquité et dont HÉRODOTE a conservé des fragments, rapporte qu'on voyait en Mésopotamie, entre le *Tigre* et l'*Euphrate*, le froment sauvage (*frumentum agreste*). (2) Vingt-trois siècles plus tard, c'est-à-dire au commencement du siècle dernier, OLIVIER écrivait qu'étant sur la rive droite de l'Euphrate, au nord-ouest d'Anah, pays impropre à la culture, il trouva dans une sorte de ravin le froment, l'orge, l'épeautre et il ajoute « que nous avons déjà vus plusieurs fois en Mésopotamie ». (3)

Enfin, AARONSHON, après avoir cherché en vain le froment sauvage en Galilée en 1904, vit ses recherches couronnées de succès dans les voyages suivants. Il le trouva alors en grande abondance à des habitats très différents et sous des formes variées.

---

(1) AARONSHON : *Contribution à l'histoire des céréales. Le blé, l'orge et le seigle à l'état sauvage.* Bulletin de la Sociéte botanique de France (1909).

AARONSHON est mort en avril 1919 d'une chute d'aéroplane, en se rendant de Londres à Paris.

(2) D. Bois et GADECEAU : *Les végétaux, leur rôle dans la vie quotidienne.*

(3) OLIVIER : *Voyage dans l'Empire Ottoman* (1807), d'après de CANDOLLE.

En 1904, nous dit M. Ch. GUFFROY, dans un résumé intéressant (1) du mémoire de AARONSHON (auquel nous empruntons les renseignements qui suivent), AARONSHON voyageant en Galilée se rendit au pied du mont Hermon pour chercher le *Triticum dicoccoïdes*. Il n'y trouva rien. Revenant en 1906, il fut, cette fois, plus heureux, et découvrit dans les vignes de la colonie agricole juive de Rosch Pinah, au pied du Dochebel Safed, dans une crevasse d'un rocher calcaire nummulitique, un pied isolé qui, à première vue, ne pouvait passer pour une orge et dont les épillets mûrs se détachaient du rachis fragile à la moindre secousse. Les épis et les grains étaient développés et semblables à ceux des meilleures variétés cultivées. A Raschaya, il retrouva dans les terrains vagues, sur les bords des routes, dans les crevasses des rochers, etc., ce *Triticum dicoccoïdes* extrêmement abondant. En descendant du sommet du mont Hermon (2.895 mètres d'altitude) vers Arny, le *Triticum dicoccoïdes* croissait également en abondance à partir de 1.600 à 1.800 mètres d'altitude, et toujours sous un grand nombre de formes. Il fut bientôt impossible de distinguer sur place certains échantillons de ceux du *Triticum monococcum* variétés Ægilopoïdes (Bal).

Il convient de remarquer que l'amidonnier n'est cultivé nulle part en Syrie et en Palestine ; qu'aucun hybride n'a été trouvé entre les formes sauvages et les formes cultivées ; que le *Triticum dicoccoïdes* ne vient pas, ou guère, dans les cultures ne prenant tout son développement que là où l'agriculture n'est pas possible, sur les versants des collines les plus arides et les plus rocheuses, aux expositions brûlées du soleil.

L'indigenat du *Triticum dicoccoïdes* étant ainsi établi, AARONSHON fit un nouveau voyage en 1907 (2) pour en étudier l'extension, sa façon de se comporter, etc.

Chose remarquable, le *Triticum dicoccoïdes* se trouve généralement en compagnie de l'*Hordeum Spontaneum;* d'autre part, il en existe plusieurs variétés distinctes, susceptibles d'être rencontrées croissant cote à cote, et représentées dans la figure ci-contre ; si l'on trouve en certains endroits l'orge sans le blé,

---

(1) Ch. GUFFROY : *Les Céréales à l'état sauvage* (Journal d'Agriculture Pratique).

(2) M. Ch. GUFFROY signale également que plus tard, au pied de Moab et de Gilead, dans la vallée du Jourdain et sur les plateaux de Es Salt, Aaronshon découvrit le *Triticum dicoccoïdes* aussi abondant qu'aux environs de Hermon et dans les mêmes stations, c'est-à-dire dans les crevasses de rochers, là où la couche de terre est très mince, dans les points les plus arides, les plus brûlés du soleil et dans des conditions climatériques très dissemblables (de 100 à 150 mètres au dessous de la Méditerranée, près du *Yabbok* affluent du Jourdain, à 1.900 mètres d'altitude au Hermon.

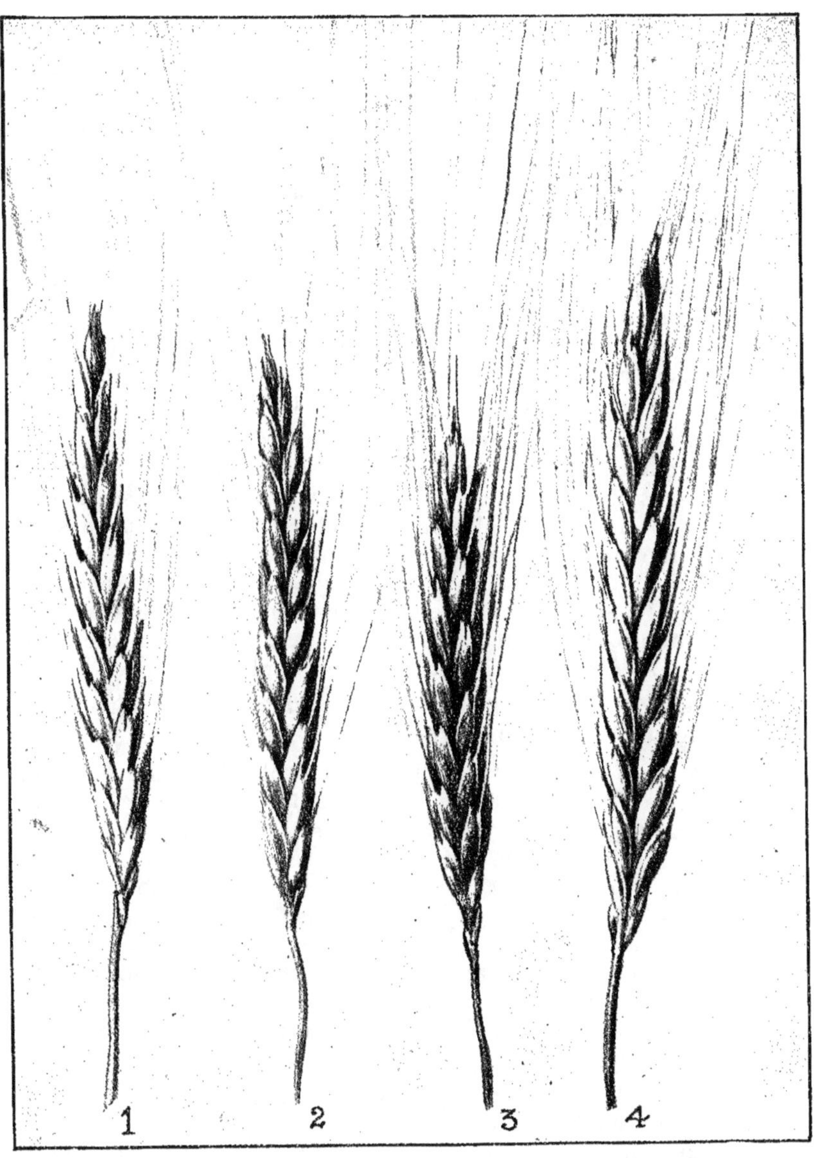

1 *Triticum dicoccoïdes var. Kotschyanum*   3 *Triticum dicoccoïdes var. Spontaneonigrum*
2 — — *var. Fulvovillosum*   4 — — *var. Aaronsohni*

2

on ne voit que très rarement le blé sans l'orge en mélange avec lui. On s'expliquerait ainsi que le blé et l'orge cultivés aient été trouvés simultanément dans les fouilles de l'ancienne Egypte, dans les palafittes, etc. Nos ancêtres auraient cultivé le mélange d'orge et de blé tel qu'il s'offrait à eux dans la nature.

Maintenant peut-on expliquer comment toutes les espèces de blés (à l'exception, toutefois, des Engrains) ont pu descendre de la même forme sauvage, ou bien en présentant la question sous une autre forme : peut-on démontrer l'unité spécifique de tous les blés ?

Les faits suivants l'établissent d'une façon très plausible. M. Henri DE VILMORIN, à la suite de croisements effectués entre un blé tendre (blé Chiddam d'automne à épi blanc) et un blé dur (blé Ismaël) a obtenu des formes, dont l'une était un Epeautre, tandis que d'autres étaient de véritables Poulards.

D'un autre côté, en croisant le même Chiddam à épi blanc par un Poulard, il en est sorti des blés durs, dont quelques-uns étaient sans barbes, caractère absolument inconnu jusqu'alors. Enfin, à la suite du croisement du blé seigle (blé tendre sans barbes) par un Poulard, il a été obtenu un Epeautre à épis rameux, qui a tellement accentué son caractère d'Epeautre, c'est-à-dire d'avoir l'axe fragile, qu'à la maturité tous les épis étaient brisés. Enfin, il a été obtenu des blés tendres et des Epeautres en croisant un blé dur par un Poulard.

Il semble donc qu'il soit difficile d'avoir une preuve plus complète et plus concluante de l'identité spécifique des espèces.

Sans insister davantage ici sur les probabilités de l'origine spontanée du blé, ni sur les conclusions à tirer de la découverte du blé sauvage et si on doit considérer ce dernier comme le prototype du blé cultivé, nous rappellerons que la culture de ce dernier a été pratiquée, croit-on, en Orient et en Extrême-Orient, de trois à quatre mille ans avant Jésus Christ. Un fait certain c'est que des grains de blé, offrant de l'analogie avec des races actuelles, ont été trouvés en Egypte dans les tombeaux de l'époque des Pharaons (2.000 ans avant Jésus-Christ) et que des épis de divers froments étaient représentés sur les monuments les plus anciens.

Naturellement, après une période aussi longue, ces blés n'ont aucune germination et l'on ne peut que constater la naïveté des voyageurs prétendant avoir rapporté d'Egypte du blé (blé Pharaon, blé Momie, etc.) ayant conservé une certaine faculté germinative, après un séjour de quelques milliers d'années en compagnie de momies. Ces touristes ont été très probablement les dupes de guides vendant du blé moderne bruni et aromatisé, c'est-à-dire préparé dans le but de donner l'illusion nécessaire pour exciter de généreux acheteurs et entretenir une légende dont ils tirent profit.

Si le blé est inapte à servir de semence au bout de quelques années conservé dans des fosses ou des silos très sains, on peut, par contre, l'utiliser pour la consommation après un grand nombre d'années. PARMENTIER a cité, au début du siècle dernier, qu'on découvrit en 1707, dans la citadelle de Metz, une grande quantité de blé placé en 1528 dans un souterrain et que le pain qu'on en fit — environ deux siècles après son enfouissement — fut trouvé très bon *(sic)*.

Dans un livre publié par la Bibliothèque de Philosophie Scientifique : *La Longévité à travers les âges*, par le Dr LEGRAND, ce dernier nous montre certaines graines survivant à travers les siècles, dans les habitations d'Herculanum et de Pompeï, ou dans les sarcophages et les hypogées de l'antique Egypte. Il rappelle qu'en 1840, quand on construisit les fortifications de Paris, les terres ramenées de la profondeur ne tardèrent pas à se couvrir de plantes inconnues des Parisiens, et considère ces plantes comme issues de graines formées à l'époque préhistorique, alors que la température de l'Ile de France était la même que la température actuelle des rivages méditerranéens ; ces graines, enfouies sous terre, auraient sommeillé des milliers et des milliers de siècles. Comme le fait observer *Le Mercure de France* (1912), M. LEGRAND oublie les recherches de certains biologistes modernes qui traitent ces récits de légendes et qui affirment que dans aucun cas une graine ne peut vivre plus de 200 ans.

D'autre part, les auteurs anciens, et parmi eux HÉRODOTE, le père de l'histoire, qui écrivait au Ve siècle avant Jésus-Christ, signalent des cultures de blé produisant des récoltes fabuleuses, semble-t-il, dans l'Assyrie, la Médie, la Mésopotamie, la Babylonie, surtout dans les fertiles vallées du Tigre et de l'Euphrate, de même que dans celles de deux grands fleuves de l'Inde, le *Gange* et l'*Indus*. Comment n'être pas sceptique devant les rendements de 100, 200, 300, et même 400 pour un, indiqués par ces écrivains ! C'est à se demander si, à l'instar des jardins suspendus de Babylone, il n'existait pas aussi des champs à plusieurs étages pour l'obtention de ces rendements considérables. Dans tous les cas, sans prendre à la lettre ces renseignements, en les considérant plutôt comme des indications, leur comparaison avec les rendements actuels dans les mêmes contrées démontre combien est fausse la légende des terres inépuisables. Il y a lieu de considérer, toutefois, que l'épuisement dans les vallées indiquées précédemment est atténuée par suite des apports périodiques du limon fertilisant des inondations. Il en est de même dans la vallée du *Nil*. Il faut nourrir la nourrice sous peine de la tarir. La terre exige, en effet, de lui rendre ce qu'on lui a pris. L'épuisement graduel des sols les plus fertiles, non soumis à la pratique de la restitution des éléments fertilisants exportés par les récoltes est inévitable (1). C'est une question de temps.

HÉRODOTE signale aussi, comme il suit, l'état florissant des cultures en Egypte. « Le sol des Egyptiens est si bien approprié au froment qu'il ne donne jamais moins de deux cents pour un. Quand l'année est très favorable, il rapporte même trois cents. Là, l'épi est haut de quatre doigts. J'ai vu tout cela de mes yeux, mais je craindrais d'être taxé d'exagération par ceux qui n'ont pas visité ce pays. »

En lisant cela, on est tenté d'ajouter cette phrase de PLINE : « Des résultats moins beaux ont fait accuser CRÉSINIUS de sortilège et il a eu de la peine à convaincre le peuple romain de son innocence. » Deux exemples prouveront que l'antiquité n'a pas le monopole de l'exagération. MULLER prétend avoir récolté à Cambridge, en 1767, dans des essais de blé repiqué, 21.109 épis provenant d'un seul grain. Le poids était de 21 kgs 500 (2); dans ces conditions, 100 grains auraient donné une récolte fantastique de 21 quintaux et demi. Enfin, le chimiste Sir HUMPHRY DAVY prétend avoir vu, en 1798, de 40 à 120 tiges produites par un seul grain de blé. Nous ajouterons cependant que dans des expériences précises effectuées en 1886 par L. GRANDEAU à l'école MATHIEU, de Dombasle, sur des grains de blé semés à 0^m25 d'écartement en tous sens, en cases d'essais, dans d'excellentes conditions de culture, par conséquent, il a été obtenu des touffes ayant jusqu'à 20 tiges et les rendements ont oscillé entre 130 et 656 fois la semence. On comprendra facilement que cette intéressante expérience effectuée sur de très petites surfaces ne permet pas, toutefois, d'en généraliser les résultats et de comparer les rendements obtenus à ceux de la grande culture.

Longtemps avant l'ère chrétienne, l'usage du blé était répandu dans les pays baignés par la Méditerranée (3). La Sicile, l'Egypte,

---

(1) Battre monnaie sur la fertilité des sols vierges, exporter sans cesse sans restituer, c'est ce qu'on appelle l'AGRICULTURE VAMPIRE, disait LIEBIG.

(2) Il doit y avoir erreur ; le poids de 12 kil. 500 serait plus logique.

(3) Pour renseignements relatifs aux divers blés cultivés par les Romains, on peut consulter : 1° le compte rendu de la séance de la Société Nationale d'Agriculture du 3 février 1886 ; 2° le Théâtre de l'Agriculture d'OLIVIER DE SERRES page 134 (Edition de 1804). Nous ferons remarquer que les Romains mangèrent longtemps de la bouillie avant d'adopter le pain. D'après PLINE, ils utilisèrent l'orge avant de donner la préférence au froment.

la Numidie, la Sardaigne, la Thrace, la Campanie étaient célèbres dans l'antiquité par leurs cultures de froment. Les Grecs avaient le culte de Démeter, dont une gerbe de blé ornait les attributs et les Romains célébraient des fêtes en l'honneur de la blonde Cérès, la déesse des moissons ; les cultivateurs de l'ancienne Rome, comme ceux de maintenant, se plaignaient déjà (1), il y a plus de deux mille ans, des abus dont ils étaient victimes ; et les citoyens romains, au temps des Césars, crièrent « *panem et circences* » jusqu'au jour de la décadence où, suivant Frédéric Passy (2), le pain a manqué le premier, où Rome après avoir vaincu le monde l'a affamé pour mourir ensuite sur sa proie épuisée.

D'après Heuzé les céréales cultivées par les Romains devaient être productives parce que leur culture était bien comprise. Le froment y avait une importance que ne possédait pas l'orge. Le seigle y était inconnu. Les espèces de froment cultivées par les Romains était au nombre de cinq : *Le Triticum, l'Arnica, le Triticum Racemosum, le Siligo, et le Far ou Zea ou Adoreum.*

La loi des douze tab'es condamnait à mort quiconque avait fait paître de nuit son bétail dans les blés ou avait coupé ceux-ci à l'état vert.

Heuzé rappelle aussi que d'après Hérodoté et Virgile, les semailles s'effectuaient avant le coucher des *Pléiades* (6 Novembre) et d'après Columelle entre le coucher des filles d'Atlas c'est à dire 31 jours après l'équinoxe d'automne et le neuvième jour des calendes d'octobre.

En général on répandait 4 à 5 modii de *Triticum* et de *Siligo* et 8 à 10 modii de FAR par Jugérum, soit par hectare 160 à 200 litres dans le premier cas et 300 à 400 litres dans le second. On semait en général sur raies.

D'après Hérodote les Gaulois (3) n'ont connu le froment qu'à la suite de leurs expéditions lointaines. La Gaule, suivant Dionysius Exiginus, César et Cicéron, produisait beaucoup de blé, dont une

---

(1) Isidore Pierre : *l'Ancienne Agriculture Romaine.*

Liebig : S'il existait une histoire du développement agricole du genre humain, si les savants qui l'étudient voulaient se renseigner avec plus de soins là-dessus, le cultivateur saurait que, il y a deux mille ans déjà, les hommes les plus éclairés et les plus distingués de l'ancienne Rome voyaient la marche de l'Agriculture entravée par toutes les difficultés qui la menacent aujourd'hui.

(2) Frédéric Passy : *Histoire du Travail.*

(3) On peut trouver, paraît-il, d'intéressants renseignements sur l'état de l'Agriculture chez les Gaulois dans : *L'Histoire de l'Agriculture depuis les temps les plus reculés jusqu'à la mort de Charlemagne,* par Victor Cancalon, agriculteur dans la Creuse. Nous n'avons pu nous procurer ce livre qui a dû être publié en 1857.

partie contribuait à l'approvisionnement de l'Italie. On peut donc dire que cette culture du sol gaulois est toujours restée nationale, car la France est encore aujourd'hui l'une des contrées du monde ou l'on sème et ou l'on consomme le plus de froment. Les Allobroges en envoyèrent, paraît-il, à Annibal avant que le grand Capitaine Cartaginois s'endormit dans les délices de Capoue et Jules César trouva, si l'on en croit certains documents, d'abondantes provisions de grains dans Alésia, ce qui, entre parenthèses, est en contradiction avec les données historiques d'après lesquelles la famine décida Vercingétorix à se rendre à son cruel ennemi et entraîna la chute de l'héroïque cité.

Dans les plaines de la Gaule, on opérait la récolte du blé à l'aide d'une machine spéciale (1). D'après COLUMELLE, cette

2 — Moissonneuse gauloise.

machine se composait d'une caisse portée par deux roues et poussée (2) par un bœuf contre la céréale à moisonner, les épis

____

(1) Olivier DE SERRES — HEUZÉ.

(2) Beaucoup d'agriculteurs liront avec surprise peut-être que dans l'antiquité on mettait, non pas la charrue, mais la moissonneuse devant les bœufs. Ils seront sans doute plus étonnés encore d'apprendre que les premières moissonneuses *automates*, construites vers 1820-1830 (et qui ont servi de modèle pendant longtemps), étaient poussées par deux chevaux attelés à un timon placé en arrière de la machine ; la barre coupeuse était tout à fait à l'avant. L'intéressante gra-

étaient détachés des tiges par de longues dents triangulaires (1)
et tombaient dans la caisse du véhicule (fig. 2). Après la moisson,
on mettait le feu aux chaumes pour brûler les mauvaises herbes
et détruire les graines des plantes nuisibles. VIRGILE a fait allusion
à cette opération :

> Cérès approuve encore que, des chaumes flétris
> La flamme en pétillant dévore les débris.

L'extension de la culture du froment dans la Gaule, telle que
nous venons de l'indiquer, doit-elle être considérée comme
exacte? Il est permis d'en douter jusqu'à un certain point en
considérant qu'à ces époques lointaines et même jusqu'au
XVIe siècle, le pain de froment était la nourriture des privilégiés,

3 — Moissonneuse de Bell. (Vue perspective.)

vure d'une moissonneuse de ce système est reproduite par la figure 3. De nos
jours encore, pour le fauchage des immenses champs de blé de l'Argentine, on
emploie des machines perfectionnées à très grand travail, qui sont poussées au
lieu d'être remorquées.

(1) D'après PALLADIUS, les épis étaient arrachés au moyen d'une espèce de
peigne. Le bouvier marchait derrière le véhicule, dirigeant le bœuf et élevant ou
abaissant le peigne, d'après la hauteur des épis (voir page 14, fig. 2).

Nous ajouterons que COLUMELLE déclare que le fonctionnement de ces moissonneuses ne donnait pas satisfaction.

des riches ; la masse de la population vivait d'orge et de seigle, sans la possibilité d'avoir recours, en cas de mauvaises récoltes, à diverses plantes alimentaires inconnues alors et qui furent d'un si grand secours dans la suite.

Si maintenant nous nous reportons aux travaux les plus récents sur les blés et en particulier à ceux de VAVILOV *(Jour. of Génetics iv-49)* et de John PERCIVAL (*The Wheat Plant a monograph 1921, university Collège Reading Angleterre*), nous sommes obligés de reconnaître que les origines des diverses espèces et variétés de blés ne sont pas les mêmes, de telle sorte qu'au point de vue des affinités, ainsi que de l'origine, il convient de distinguer trois séries.

La première comprend l'Engrain, dont le prototype est le *Triticum Ægilopoïdes*, race sauvage que l'on trouve croissant en Thessalie, en Bœotie, en Grèce, au sud de la Bulgarie et de la Serbie.

Cette série est caractérisée par ce fait que ces races, croisées par des variétés des deux autres séries, donnent des hybrides stériles ; ce caractère, joint à celui de l'immunité à la rouille et à l'*Erysiphe graminis* amène à conclure que ce groupe est bien distinct du reste des blés cultivés.

La deuxième série est celle des Amidonniers, dont le prototype est le *Triticum dicoccoïdes* et comprend les sous-espèces suivantes : *Triticum dicoccum, Triticum Orientale* (Khorasan Wheat), *Triticum durum, Triticum Polonicum, Triticum Turgigum et Triticum Pyramidale.*

Les amidonniers (*Triticum dicoccum)* constituent une ancienne race concordant dans presque tous ses caractères avec le blé sauvage (*Triticum dicoccoïdes*). Chez ces deux blés, la distribution des poils sur la surface des limbes des jeunes feuilles est la même ; l'épi est également aplati, avec des épillets aplatis contenant deux grains ; enfin, leurs glumes sont semblables comme forme et texture.

Dans les amidonniers, il convient, d'autre part, de distinguer deux groupes. Les amidonniers Indo-abyssiniens, qui présentent la ressemblance la plus grande avec le prototype, possédant, comme ce dernier, un épi se désarticulant facilement, des chaumes courts, un feuillage vert jaunâtre et une similitude de caractères anatomiques.

L'autre groupe est constitué par les amidonniers Européens, qui représentent des mutations plus hautes, de maturité plus tardive, avec feuilles glauques et un rachis fragile.

Le *Triticum Orientale* est une sous-espèce ne comprenant que deux variétés cultivées en Perse, aux environs de Khorasan, en terrain irrigué. Ce blé est caractérisé par ses feuilles pubescentes, ses chaumes plus élevés, ordinairement pleins, ses épis très lâches à barbes fortes; grain allongé, dur et corné, rachis se désarticulant facilement, maturité hâtive.

Ces blés possèdent tous les caractères que présente *Triticum dicoccoïdes* dont John PERCIVAL le considère comme issu originellement, (1) dans sa classification, le plaçant à côté du *Triticum polonicum*. Il ressemble beaucoup, en effet, comme faciès d'épi, à une variété de *Triticum polonicum* figurée par SERINGE.

Triticum durum (blés durs, Macaroni Wheat) présentent des affinités évidentes avec *Triticum dicoccoïdes* et *Triticum dicoccum ;* John PERCIVAL les considère comme des mutations dérivées, dans quelques cas, directement de l'espèce sauvage ; dans d'autres cas, indirectement de cette dernière par la voie d'un amidonnier cultivé. De même que celui-ci, les blés durs possèdent une paille pleine, des épis dressés et raides, avec rangées d'épillets régulièrement disposées, des glumes longues, étroites, fort carênées et un grain pointu.

Triticum polonicum (blé de Pologne), représente l'une des plus récentes espèces de blé qui, selon toute vraisemblance, est une mutation de *Triticum durum*, la seule différence consistant dans la longueur et la structure des glumes et des glumelles, qui peuvent être considérées comme une variation tératologique héréditaire.

Triticum turgidum (Poulard, Rivet ou Cone Wheat) possède les caractères d'une race hybride issue, probablement au cours des temps, du croisement d'un *Triticum dicoccum* Européen de taille élevée, avec *Triticum compactum* ou une forme de *Triticum Vulgare* à épi dense.

Les affinités des Poulards avec les Amidonniers européens consistent dans la pubescence de leurs jeunes feuilles, dans leurs chaumes élevés, pleins ou demi pleins, dans leur faible tallage et leur maturité tardive ; en outre, la tendance à produire des épis rameux est fort manifeste dans ces deux espèces et, au contraire, rare chez les autres. Enfin, les Poulards croissent naturellement seulement dans les régions dans lesquelles les *Triticum Dicoccum* et *Compactum* sont présents.

---

(1) VILMORIN G. : *Projet de classification agricole des diverses variétés de blés,* Paris, 1926).

Triticum Pyramidale (Egyptian Cone Wheat) est une petite espèce distincte, confinée en Egypte et en Abyssinie, que John PERCIVAL considère comme une mutation à épi compact dérivée de la forme abyssinienne de *Triticum dicoccum*.

La troisième série de blés comprend : *Triticum Vulgare, Triticum Sphoerococcum, Triticum Compactum* et *Triticum Spelta*.

Pour ce qui concerne l'origine et la parenté des diverses espèces de cette série, il existe la plus grande diversité d'opinions entre tous ceux qui ont étudié cette question.

La recherche du prototype possédant les caractères de l'espèce de *Triticum Vulgare* a été poursuivie depuis longtemps avec acharnement, mais il n'en a rien été trouvé, même approximativement, sur la croissance de ce blé à l'état sauvage. Toutefois, l'existence d'une espèce primitive distincte des prototypes des séries Engrains et Amidonniers, est généralement admise actuellement, car autrement on ne pourrait pas expliquer les caractères différents des groupes de blés tendres constituant cette troisième série.

FABRE (1) ayant découvert des plantes particulières d'Ægilops ovata, qui arrivèrent au bout d'un certain nombre de générations à se transformer progressivement en un blé ne se distinguant pas de ceux qui sont cultivés, fut amené à en déduire que les blés cultivés devaient être issus à la suite de sélection et par suite de la culture de cette graminée sauvage.

L'opinion de FABRE fut partagée par beaucoup de botanistes éminents du siècle dernier, mais l'on sait maintenant d'une façon positive qu'il n'en est rien.

SCHULZ et FLAKSBERGER (Schulz, 1911-Geschichte des Weizens) ont émis l'opinion que *Triticum Spelta* représentait un type ancestral, dont la forme sauvage serait inconnue et que *Triticum Vulgare* était dérivé de lui.

D'un autre côté, à la suite de l'étude du Rachis et des glumes, STAPF déclare qu'il est à peu près convaincu que l'Ægilops cylindrica est l'espèce sauvage indigène de l'Est de l'Europe et de l'Asie Mineure et qu'elle est le prototype du *Triticum Spelta*.

D'après John PERCIVAL, les caractères de *Triticum Vulgare* et des autres espèces de blés tendres le conduisent à supposer que l'on est en présence d'une vaste espèce hybride dérivée, il y a longtemps, du croisement des blés de la série des amidonniers

---

(1) FABRE E, 1850-1851 : *Des Ægilops du Midi de la France et de leur transformation en Triticum.*

avec une espèce d'Ægilops et que le *Tridicum Spelta* est une disjonction de cet hybride.

John PERCIVAL fait ressortir, à l'appui de sa thèse, que les caractères particuliers suivant des blés tendres : présence d'une simple ligne de poils sur les crêtes des cannelures longitudinales des jeunes feuilles, chaumes creux, rachis flexible, glumes plus ou moins ventrues avec carêne atténuée ou nulle sur la moitié postérieure, barbes relativement courtes, font défaut aux prototypes présumés des *Triticum dicoccum ;* au contraire, on les trouve chez les Ægilops Ovata et Cylindrica ; comme conclusion, John PERCIVAL exprime l'opinion qu'il n'a pas de doute que ces deux espèces aient participé à la constitution des races de blés tendres.

D'ailleurs, deux espèces d'Ægilops ont été mentionnées comme ayant été hybridées artificiellement par *Triticum dicoccum* ou par *Triticum vulgare*; d'autre part, COCK (1) a rapporté de Syrie un échantillon de blé présentant des épis avec des caractères intermédiaires entre Ægilops Ovata et *Triticum dicoccoïdes* qu'AARONSHON a considéré comme étant un hybride naturel.

En résumé, les trois séries de blés que nous venons d'examiner auraient donc eu chacune une origine différente.

Si, abandonnant la botanique, nous jetons rapidement un coup d'œil sur les réglementations rétrospectives concernant le blé, nous remarquons que les premières prescriptions légales relatives à cette céréale, dont notre histoire fait mention, datent de Charlemagne, dont on cite cinq capitulaires promulgués pendant les disettes de 779, 794, 805, 806 et 809. Le premier prescrit des aumônes aux détenteurs de bénéfices ; le second, fixe un prix permanent pour le blé ; le troisième, enjoint au propriétaire de nourrir les hommes de leurs terres ; le quatrième taxe le blé à vendre et le dernier défend d'acheter les fruits avant leur maturité (2).

Les documents relatifs au blé sont insuffisants pour permettre de suivre les étapes de sa culture pendant les diverses époques du Moyen Age où l'Agriculture (3) était une pratique et non une science, la tradition servant seule de véhicule aux connaissances agronomiques. Les documents qui nous sont parvenus ne

---

(1) COCK o. 1913, Wild Wheat in Palestine, *Bulletin* n° 274, Bureau of Plant industry, U. S. Department agricultural, Washington.

(2) BRIAUME : *Encyclopédie de l'Agriculture.*

(3) GRÉGOIRE : *Essai historique sur l'Agriculture au XVI⁰ siècle.*

comportent guère que des renseignements relatifs à la Législation, aux Ordonnances, aux Arrêtés de Parlement concernant l'approvisionnement et le commerce du blé, aux réglementations de la circulation de province à province (1), aux prohibitions ou aux permissions d'exporter ou d'importer, aux droits à percevoir, péages, frais de marché, etc. On voit donc que la lacune des renseignements sur la culture du blé n'est comblée que par un fatras de réglementations multiples et variables suivant les époques, comportant même parfois des mesures de circonstance, dont certaines paraissent tyranniques, mesures qui disparurent le plus souvent avec les causes économiques ou les orages politiques qui les avaient plus ou moins motivées.

On peut supposer néanmoins dans quel état devait être l'agriculture entre les mains de serfs et de vilains « taillables et corvéables à merci et miséricorde », à une époque où, d'après le moine GLABER (2) « les souffrances furent si grandes qu'elles firent cesser jusqu'aux rapines des grands » et quelles périodes difficiles l'agriculture a dû traverser au milieu des troubles, des invasions, du désordre des finances, des extorsions, des réglementations souvent détestables et des abus lamentables dont on peut juger, par ces indications de Beaumarchais, le jurisconsulte de la féodalité : « le sire peut prendre aux serfs tout ce qu'ils ont et les tenir en prison toutes les fois qu'il lui plait, soit à tort, soit à droit et il n'est tenu d'en répondre fors à Dieu. » Et malgré quelques sages mesures prises sous divers règnes, en 1577 par exemple, sous le règne de Henri III, grâce au Chancelier de l'Hôpital, dont un règlement général relatif aux grains (renouvelé en 1629 par Richelieu) est resté comme base des règlements postérieurs, la situation pénible de l'Agriculture s'est prolongée longtemps, car on connait (3) le tableau célèbre de LABRUYÈRE qui, dans une page admirable, a traduit, avec une sanglante ironie, l'état si misérable des pauvres paysans du XVIIᵐᵉ siècle, toujours en butte à l'injuste et insultante pensée de leurs contemporains .... où MASSILLON et FÉNELON nous montrent la France comme étant parfois « un grand hôpital affamé sans provisions. »

' (1) GRÉGOIRE : *Essai historique sur l'Agriculture au XVIᵉ siècle.*— Anciennement le mal s'aggravait encore par le morcellement de la France en plusieurs Etats, dont chacun ayant sa législation particulière, à la moindre apparence de disette défendait l'exportation des denrées comestibles.

...Les principes administratifs relatifs à la circulation des grains, trop peu connus, étaient étouffés sous la trame des accapareurs : on affamait une province pour maintenir l'abondance ailleurs.

(2) La Chronique de Raoul GLABER va de 900 à 1046. Elle a été traduite par Guisot dans la *Collection des Mémoires relatifs à l'Histoire de France.*

(3) C. BOUSCASSE : *Article sur l'Historique de l'Agriculture.*

Il est incontestable que le clergé ou plutôt les moines de plusieurs ordres rendirent de signalés services en procédant à de nombreux défrichements, en mettant en valeur des territoires incultes et en vulgarisant de bonnes méthodes de culture, mais le clergé ne se bornait malheureusement pas à ce rôle utile ; aux redevances diverses que le cultivateur avait à payer, s'ajoutait la dîme qui, pour être très variable, n'en constituait pas moins le plus souvent une lourde charge pour l'agriculture. La dîme (du latin, *décima*, dixième partie) était, parait-il, de tous les impôts de l'ancien régime le plus mal assis et celui qui donnait lieu à le plus de récriminations et de contestations. C'est ainsi qu'en ce qui concerne les blés, à Bèze, les fils de Saint-Benoit prenaient une gerbe sur dix dans les champs des particuliers et puis au four un pain sur douze, ce qui, en réalité, constituait une double dîme, représentant à peu près une gerbe sur trois, puisqu'il faut tenir compte des frais et des avances pour obtenir les gerbes, les battre et convertir les grains en farine et en pain. A. Mirebeau, c'était bien pis ; la dîme était triple : aux champs, on ne prélevait qu'une gerbe sur 25, mais ensuite au moulin, on prenait encore une mesure sur 24 ; enfin, au four banal, deux pains devaient être donnés sur 24. La dîme n'était pas partout aussi forte et ne dépassait pas le dixième de la récolte. Ce dixième apparent était parfois le quart réel ; souvent même, il pouvait absorber la totalité du produit net d'un champ car le décimateur prenait toujours son droit dans la même proportion, même dans les années où les champs ne rendaient que le loyer et la semence, ce qui arrivait trop souvent. » (1).

A ces époques, appelées — par antithèse probablement — le bon vieux temps, la production du blé était entravée non seulement par la dîme, les corvées, les multiples redevances, (2) et les risques d'exaction obligeant à s'efforcer de cacher les récoltes pour n'être

---

(1) Renseignements donnés par François de NEUFCHATEAU et extraits en partie de l'*Encyclopédie méthodique*.

(2) En lisant l'extrait suivant d'un discours prononcé en 1902 par M. Méline on voit que l'histoire est en partie un perpétuel renouvellement en matière fiscale : « On a dit souvent que l'agriculture est la bête de somme du fisc. Ce n'en est que trop vrai. Oh ! ce n'est pas que le fisc lui en veuille le moins du monde ; il l'estime, au contraire, beaucoup, il l'aime même trop. Il lui donne la préférence sur les autres contribuables, parce qu'elle paie bien et qu'elle paie toujours ce qu'elle doit. La terre a ce rare mérite, à ses yeux, de ne faire aucun effort pour lui échapper, parce qu'elle ne peut pas. Elle est là, immuable dans sa substance éternelle et le percepteur n'a qu'à étendre la main pour la saisir, elle ne peut fuir ni se cacher, ni même ruser avec lui ».

pas dépouillé, mais aussi par le manque de liberté pour la culture des céréales. (1)

C'est pourquoi, malgré l'influence heureuse d'illustres agronomes comme Olivier de SERRES, le père de notre agriculture, malgré l'action bienfaisante d'un grand ministre comme SULLY, qui provoqua une période de prospérité agricole, malheureusement trop courte, malgré les sages mesures relatives aux grains prises sous le ministère de TURGOT (2) et celles préconisées par NECKER (2), la culture du blé n'a pu commencer à pendre un essor normal qu'à la suite de la suppression du reste des lois féodales, de l'application de l'égalité devant l'impôt et du vote de l'article II de la loi du 28 septembre 1791 déclarant que : les propriétaires sont libres de varier à leur gré la culture et l'exploitation de leur terre, de conserver à leur gré leurs récoltes et de disposer de toutes les productions de leurs propriétés à l'intérieur et au dehors.

Et cet essor de la culture du blé, ainsi que les améliorations successives apportées à la production de cette céréale pendant les XIXe et XXe siècles c'est-à-dire jusqu'à nos jours, seront plus faciles à saisir dans de nombreuses publications agricoles et statistiques qu'il n'est possible de le faire dans ces quelques renseignements succincts relatifs au blé à travers les âges.

---

(1) HERVE-MANGON : Vauban nous apprend que le paysan, de son temps, supportait les impôts les plus vexatoires ; qu'il payait pour lui et pour ceux qui ne payaient rien ; qu'il n'était pas libre de faire à son gré du blé ou des fourrages ; qu'il ne pouvait pas se construire un grenier et conserver son blé ; qu'il cachait le peu qu'il avait pour ne pas être dépouillé ; qu'il évitait d'augmenter ses récoltes parceque, l'année suivante, on lui aurait pris plus qu'il n'avait gagné.

MONTESQUIEU : Les pays ne sont pas cultivés en raison de leur fertilité mais surtout de leur liberté.

GRÉGOIRE : *Essai Historique sur l'Agriculture en Europe.* — Il faut que la propriété et les produits de la terre soient libres pour faire prospérer l'agriculture. MALOUET avoue que l'agriculture ne s'est perfectionnée en Europe que par la destruction du servage qui, substitué à l'ancien esclavage, en avait prolongé les effets désastreux.

(2) Puisque l'occasion se présente de citer ce célèbre économiste et ministre réformateur, partisan du commerce libre du blé, nous signalerons qu'il évaluait le commerce des grains, pour le monde entier, à environ 10 à 15 millions d'hectolitres. Si l'on compare ces chiffres avec ceux, plus ou moins exacts aussi, de 445 à 569 millions établis au début de notre siècle (1900), le trafic serait donc devenu environ 45 fois plus important qu'à l'époque de Turgot.

NECKER a publié un *Essai sur la Législation et le Commerce des Grains*, ouvrage conçu dans des idées différentes de celles de Turgot, que Necker espérait remplacer, mais qu'il ne lui a pas été donné d'égaler, ni par le talent, ni par la hauteur des conceptions.

Nous nous bornerons donc, en terminant cet exposé, à attirer encore l'attention sur la place considérable que le blé, et par conséquent le pain, occupent dans la vie nationale. Si nous envisageons le langage populaire, les expressions banales — triviales même — abondent pour indiquer l'importance de cette céréale panaire.

Nous n'en citerons que quelques-unes en choisissant parmi les plus typiques, dans les sens les plus divers : bon comme du pain, avoir du pain sur la planche, manger son pain noir avant le blanc, ôter le pain de la bouche, mendier son pain, faire passer le goût du pain, long comme un jour sans pain, trouvent les affamés, avoir du pain pour ses vieux jours, espèrent les gens économes ; nous voulons le boulanger, la boulangère et le petit mitron (le roi, la reine, le dauphin — Révolution de 1789), gagner son pain à la sueur de son front disent les travailleurs paisibles, ou du pain et du plomb crient les ouvriers insurgés de 1832, donnez-nous notre pain quotidien, implorent les chrétiens, etc., etc. Ces quelques exemples suffisent pour mettre en relief quelle place le blé tient dans la vie économique et même dans la vie politique d'un peuple, surtout du peuple français (1), qui est le plus grand mangeur de pain de l'univers. « L'importance (2) du rôle des céréales s'accroît à mesure que la population et la civilisation se développent. Au point de vue agricole et économique, la question des céréales devient l'axe autour duquel toutes les autres gravitent, et l'on a vu, il y a peu de temps dominer la politique tout entière. »

A toutes les époques, dit Ernest Robert, la production du blé a préoccupé les Pouvoirs publics. Toujours elle a été et elle est restée une production nationale ; elle a eu sa répercussion sur l'existence économique comme sur la vie politique de la nation. On a vu, sous Louis XVI, pour cette raison que tous les blés étaient gelés en France, demander la paix à la Cooalition Européenne, paix que l'ennemi refusa en raison même de la détresse du royaume, provoquant ainsi un réveil du sentiment national.

Aussi semble-t-il logique de terminer ces quelques mots relatifs à l'historique du blé en rappelant combien de fois, pendant ces dernières années, à la suite de la hausse des cours, le blé a provoqué de polémiques passionnées. Combien de fois on a agité

---

(1) On peut ajouter que le peuple français est le plus exigeant pour la qualité du pain.

(2) Garola : *Les Céréales.*

aussi, à l'occasion des droits d'entrée et des taxes le concernant, le spectre — toujours très impressionnant chez nous — du pain cher.

Espérons que cette situation s'atténuera sous peu, d'une part, par les progrès constants en Agriculture, d'autre part, en prodiguant des encouragements aux producteurs de blés, et qu'au lieu d'avoir la tristesse de constater, comme cela a lieu cette année (1927), une réduction importante des emblavements, nous aurons, au contraire, le plaisir non seulement de n'être plus importateurs de la reine des céréales mais de devenir exportateurs.

TYPOGRAPHIE & LITHOGRAPHIE P. ANCIAUX

37-39, RUE DE L'ARQUEBUSE ET 18, RUE DE CLÈVES, CHARLEVILLE.

BIBLIOTHEQUE NATIONALE DE FRANCE